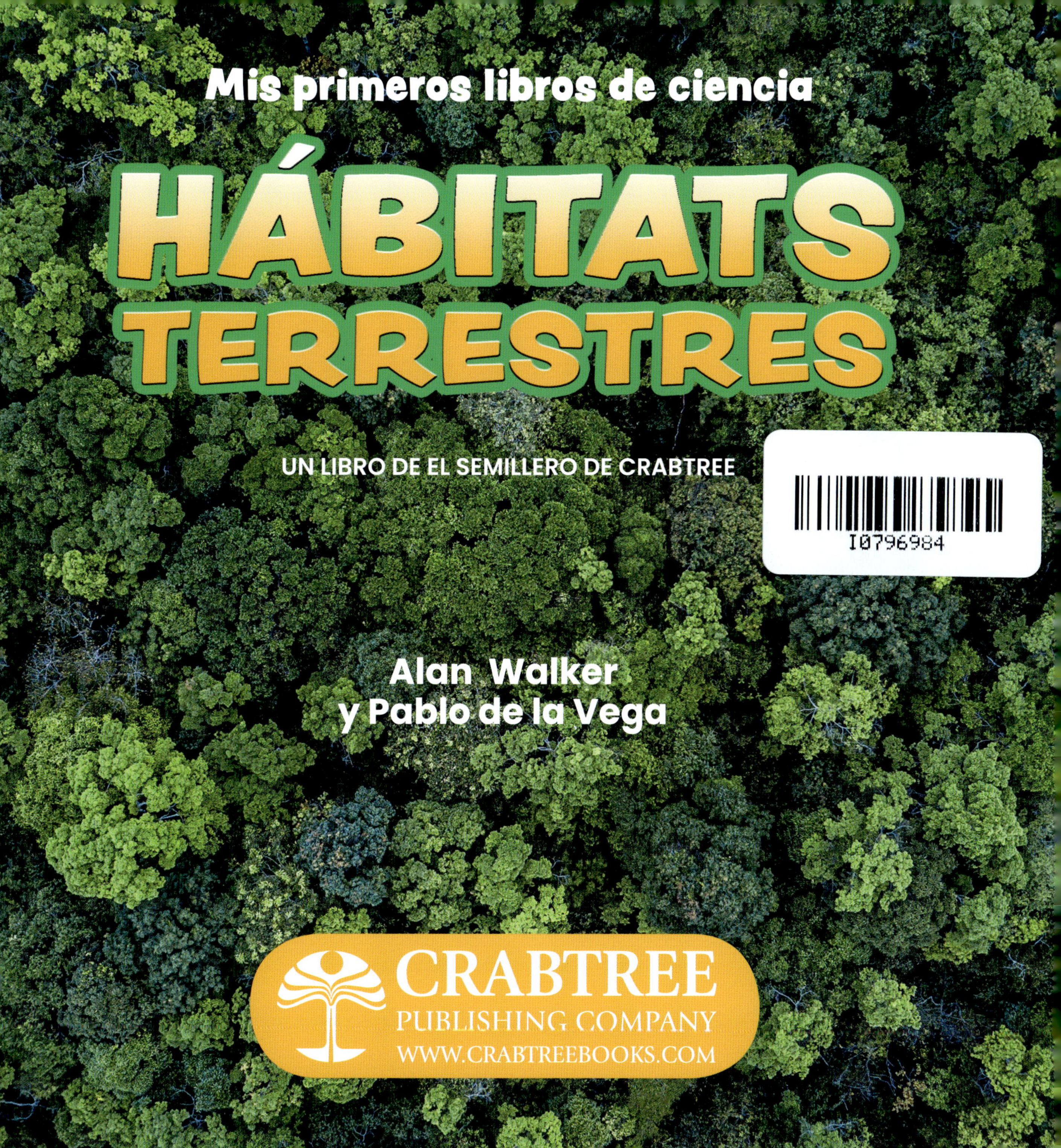
Mis primeros libros de ciencia
HÁBITATS TERRESTRES
UN LIBRO DE EL SEMILLERO DE CRABTREE
I0796984
Alan Walker
y Pablo de la Vega
CRABTREE
PUBLISHING COMPANY
WWW.CRABTREEBOOKS.COM

Distintos tipos de animales viven en diferentes tipos de hábitats.

Un tucán vive en un hábitat de selva.

Un oso polar vive
en un hábitat ártico.

búho

Búhos, mapaches y venados viven en hábitats boscosos.

Encuentran **refugio** en árboles y plantas.

mapache

venado

Encuentran comida y agua en el **bosque**.

Escorpiones, serpientes de cascabel y conejos viven en hábitats desérticos.

escorpión

serpiente de cascabel

Encuentran refugio en **madrigueras** y debajo de las piedras.

Los **desiertos** son áridos, pero muchos animales del desierto obtienen agua de los **cactus**.

conejo cola
de algodón
del desierto

A veces, los hábitats son modificados por algunas personas.

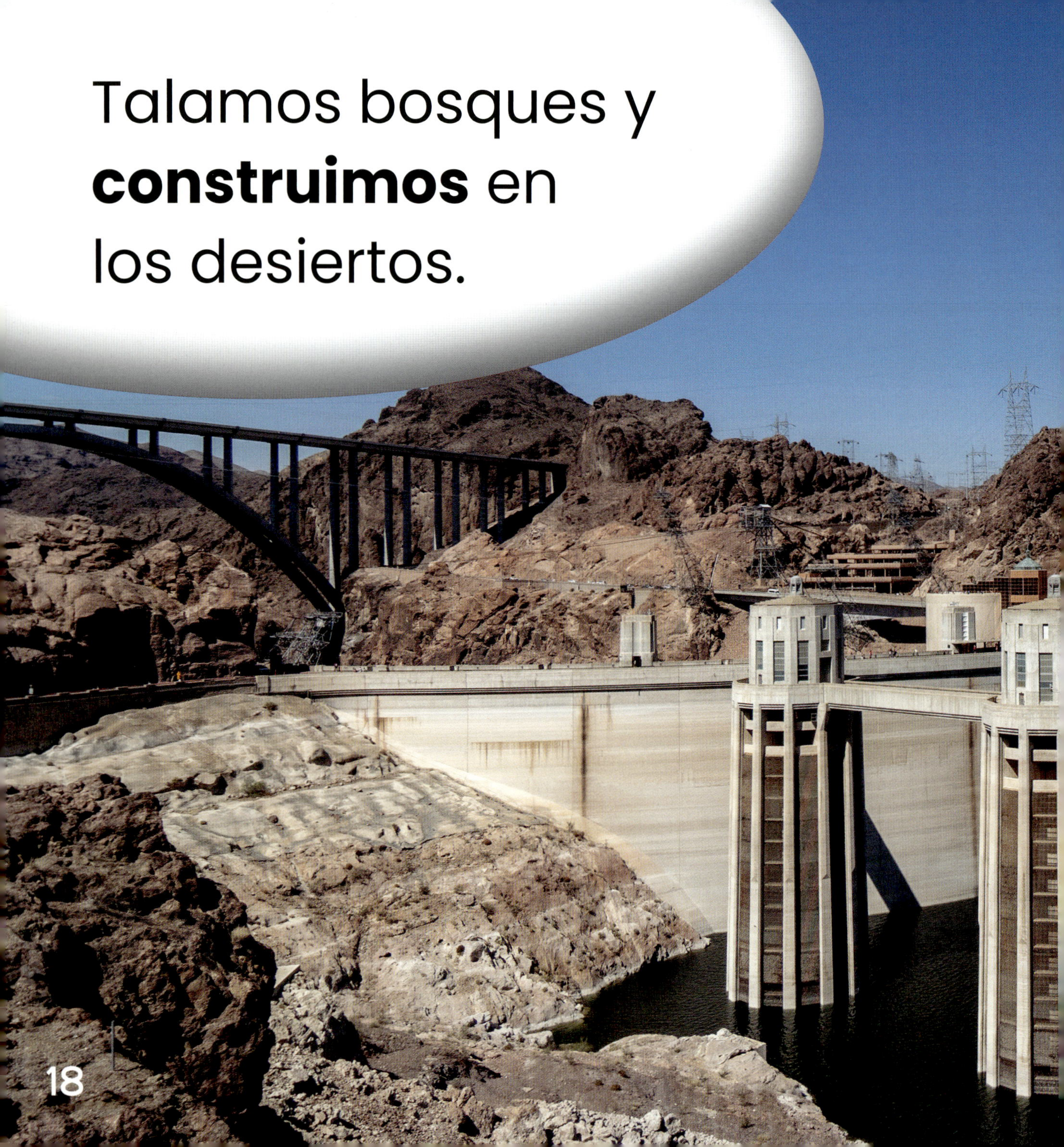

Talamos bosques y **construimos** en los desiertos.

Cuando esto sucede, los animales pierden sus hábitats.

Glosario

bosque: un bosque es un lugar grande lleno de árboles.

cactus: los cactus son plantas con troncos gruesos y espinas. Crecen en zonas calientes y áridas.

construir: hacer algo poniendo sus partes en el lugar que les corresponde.

desierto: un desierto es un lugar en el que cae muy poca agua.

madrigueras: las madrigueras son túneles u hoyos que algunos animales, como los conejos, usan como refugio.

refugio: un refugio es un lugar donde un animal puede vivir y protegerse del mal tiempo y el peligro.

Índice analítico

Apoyos de la escuela a los hogares para cuidadores y maestros

Los libros de El Semillero de Crabtree ayudan a los niños a crecer al permitirles practicar la lectura. Las siguientes son algunas preguntas de guía que ayudan a los lectores a construir sus habilidades de comprensión. Algunas posibles respuestas están incluidas.

Antes de leer:

- **¿De qué piensas que tratará este libro?** Pienso que este libro tratará sobre los hábitats que hay en la tierra firme. Un hábitat es un lugar donde vive una planta o un árbol.
- **¿Qué quiero aprender sobre este tema?** Quiero aprender acerca de las distintas plantas y animales que hay en los hábitats.

Durante la lectura:

- **Me pregunto por qué...** Me pregunto por qué la gente modifica los hábitats.
- **¿Qué he aprendido hasta ahora?** Aprendí que los árboles, los búhos, los mapaches y los venados viven en hábitats boscosos. Aprendí que los cactus, los escorpiones, las serpientes de cascabel y los conejos viven en hábitats desérticos.

Después de leer:

- **¿Qué detalles aprendí de este tema?** Aprendí que los animales del desierto obtienen agua de los cactus.
- **Lee el libro de nuevo y busca las palabras del vocabulario.** Veo la palabra ***refugio*** en la página 6 y la palabra ***madrigueras*** en la página 13. Las demás palabras del vocabulario están en las páginas 22 y 23.

Library and Archives Canada Cataloguing in Publication

Title: Hábitats terrestres / Alan Walker y Pablo de la Vega.
Other titles: Land habitats. Spanish
Names: Walker, Alan, 1963- author. | Vega, Pablo de la, translator.
Description: Series statement: Mis primeros libros de ciencia | Translation of: Land habitats. | Translated by Pablo de la Vega. | "Un libro de el semillero de Crabtree". | Includes index. | Text in Spanish.
Identifiers: Canadiana (print) 20210101725 | Canadiana (ebook) 20210101733 | ISBN 9781427132147 (hardcover) | ISBN 9781427132253 (softcover) | ISBN 9781427135803 (read-along ebook)
Subjects: LCSH: Habitat (Ecology)—Juvenile literature.
Classification: LCC QH541.14 .W3518 2021 | DDC j577—dc23

Library of Congress Cataloging-in-Publication Data

Names: Walker, Alan, 1963- author.
Title: Hábitats terrestres / Alan Walker y Pablo de la Vega.
Other titles: Land habitats. Spanish
Description: New York : Crabtree Publishing, 2021. | Series: Mis primeros libros de ciencia - un libro de el semillero de Crabtree | Includes index. | Audience: Ages 5-7 | Audience: Grades K-1 | Summary: "A habitat is the natural place where a plant or animal lives. This book helps children explore the different kinds of habitats that are home to animals on our planet"-- Provided by publisher.
Identifiers: LCCN 2020058058 (print) | LCCN 2020058059 (ebook) | ISBN 9781427132147 (hardcover) | ISBN 9781427132253 (paperback) | ISBN 9781427135803 (epub)
Subjects: LCSH: Habitat (Ecology)--Juvenile literature. | Habitat conservation--Juvenile literature.
Classification: LCC QH541.14 .W3318 2021 (print) | LCC QH541.14 (ebook) | DDC 577--dc23
LC record available at https://lccn.loc.gov/2020058058
LC ebook record available at https://lccn.loc.gov/2020058059

Crabtree Publishing Company
www.crabtreebooks.com 1–800–387–7650
Print book version produced jointly with Blue Door Education in 2021

Author: Alan Walker
Production coordinator and prepress technician: Katherine Berti
Print coordinator: Katherine Berti
Translation and adaptation into Spanish: Pablo de la Vega
Edition in Spanish: Base Tres

Photo credits: Shutterstock: Erik Mandre (front cover—ground squirrels), David G Hayes (front cover—icon top right), baza178 p. 2, Fedor Selivanov p. 3, Alexey Seafarer p. 4–5, Pecak p. 6–7, Tony Campbell p. 8–9, Dark Moon Pictures p. 10–11, IrinaK p. 12–13, Mark_Kostich p. 14–15, Charles T. Peden p. 16–17, Timelynx p. 18–19, Heder Zambrano p. 20–21, Jay Ondreicka p. 22 (top left), Joe Mercier p. 22 (center left), Lindasj22 p. 22 (bottom left), Sibella Bombal p. 22 (top right), Enate Images p. 22 (center right), attila p. 22 (bottom right)

ebook ISBN 978-1-950825-51-6

Printed in the U.S.A./022021/CG20201215

Published in Canada
Crabtree Publishing
616 Welland Ave.
St. Catharines, Ontario
L2M 5V6

Published in the United States
Crabtree Publishing
347 Fifth Ave.
Suite 1402-145
New York, NY 10016

Published in the United Kingdom
Crabtree Publishing
Maritime House
Basin Road North, Hove
BN41 1WR

Published in Australia
Crabtree Publishing
Unit 3 – 5 Currumbin Court
Capalaba
QLD 4157